Bernt-Dieter Huismans

Lebendigkeit - Selbstorganisation - Morphogenese: 5. Hauptsatz der Thermodynamik, das Phanes Sound Theorem

GRIN - Verlag für akademische Texte

Der GRIN Verlag mit Sitz in München und Ravensburg hat sich seit der Gründung im Jahr 1998 auf die Veröffentlichung akademischer Texte spezialisiert.

Die Verlagswebseite http://www.grin.com/ ist für Studenten, Hochschullehrer und andere Akademiker die ideale Plattform, ihre Fachaufsätze und Studien-, Seminar-, Diplom- oder Doktorarbeiten einem breiten Publikum zu präsentieren.

Dokument Nr. V71284 aus dem GRIN Verlagsprogramm

Bernt-Dieter Huismans

Lebendigkeit - Selbstorganisation - Morphogenese: 5. Hauptsatz der Thermodynamik, das Phanes Sound Theorem

GRIN Verlag

Bibliografische Information Der Deutschen Bibliothek: Die Deutsche Bibliothek verzeichnet diese Publikation in der Deutschen Nationalbibliografie; detaillierte bibliografische Daten sind im Internet über http://dnb.ddb.de/ abrufbar.

1. Auflage 2007

http://www.grin.com/
Druck und Bindung: Books on Demand GmbH, Norderstedt Germany
ISBN 978-3-638-77985-2

Lebendigkeit, Selbstorganisation, Morphogenese

5. Hauptsatz der Thermodynamik, das Phanes Sound Theorem

Dr. med. Bernt - Dieter Huismans

2007

A. Hauptsätze der Thermodynamik

B. Prinzipien der Lebendigkeit , Selbstorganisation und der Morphogenese

1. Nichtlinearität, a. Dimension, b. Information, c. Substanz
2. Symmetriebrechung, Quantenpunkt
3. Offenheit, Idemität
4. fern vom thermodynamischen Gleichgewicht, Identität
5. Unumkehrbarkeit, Fibonacci - Folge, Dauer
6. Kohärenz, Resonanz, Immunität, Leben

5. Hauptsatz der Thermodynamik, das Phanes Sound Theorem

Lebendigkeit , Selbstorganisation , Morphogenese

"Idee und Widerstreben , das ist das Leben" (J. W. v. Goethe) .

Das Widerstreben ließ sich in den 4 Hauptsätzen der Thermodynamik umschreiben . Die Idee aber ist ein Geheimnis . Wir werden uns entscheiden müssen, was wir glauben wollen. Einige Überlegungen zu Lebendigkeit , Selbstorganisation und Morphogenese werden im Folgenden in einem 5. Hauptsatz der Thermodynamik zusammengefasst .

Die 5 Hauptsätze der Thermodynamik [1]

" Du hast keine Chance " [2] , 0. oder 4. Hauptsatz der Thermodynamik (R.H. Fowler) : Stehen System A mit dem System B und System B mit dem System C im thermischen Gleichgewicht , dann stehen auch A und C untereinander im thermischen Gleichgewicht .

" Du kannst nicht gewinnen " [2] , 1. Hauptsatz der Thermodynamik (R. Mayer, E. Clapeyron , H.v. Helmholtz) : Energie kann nicht neu erschaffen werden .

" Du kannst kein Unentschieden erreichen " [2] , 2. Hauptsatz der Thermodynamik (S. Carnot , R. Clausius , W. Thomson / Kelvin): Es geht immer ein wenig Energie verloren .

" Du kannst nicht aussteigen " [2] , 3. Hauptsatz der Thermodynamik ; Nernst Theorem (W. Nernst 1906 , M. Planck 1912 , A. Einstein / I. Stern , W. Heisenberg , M. Born , P. Jordan, P. Diarc) : Die Temperatur kann nicht bis zum absoluten Nullpunkt sinken , ein wenig "Rest-wärme" bleibt immer übrig . (Quantenfluktuation = spontane Intensitätsveränderungen eines Feldes , das eigentlich nicht mehr da sein sollte = "Nullpunktenergie" (R. Feynman , J.A. Wheeler , H.B. Casimir 1948 , W.E. Lamb 1948) = "Raumenergie oder Beobachterenergie"))

Du bist unterwegs , 5. Hauptsatz der Thermodynamik : Sein und Nichtsein sind idemisch *(lat.: idem = der- oder dasselbe)* und die Lichtgeschwindigkeit ist zwischen Sein und Nichtsein die organisatorische Schließung . (L. Boltzmann , E. Zermelo / M. Planck 1900 , M.v. Laue , W. Nernst , A. Einstein , E. Schrödinger 1951 [36] , H.v. Foerster 1970 , N. Georgescu - Roegen 1971 [3]) , Mae-Wan Ho 1994 , A. Vannini 2006 [48]) .

5. Hauptsatz der Thermodynamik

Selbstorganisationsprozesse , Morphogenesen kennen wir aus allen Sparten der Wissenschaft, aus der Chemie und aus der Physik , aus der Astronomie , aus der Biologie , der Mathematik , der Medizin , der Soziologie und der Philosophie .

Wenn sich Bakteriensporen , Pflanzensamen oder befruchtete Eizellen im Laufe der Zeit entsprechend zu klassischen Bakterien , zu einer neuen Pflanze , einem Tier oder einem Menschen entwickeln , oder wenn Wunden wieder heilen und Kranke wieder gesunden , ist dieses Prinzip am Werk .

Jenseits der Religionen ist das Erleben von Lebendigkeit , Selbstorganisation und Morphogenese bereits von zahlreichen Vordenkern - die ich nicht alle aufzählen kann - beschrieben und benannt worden :

1. Antientropisches Verhalten
(J. Loschmidt 1876 , Sitzungsber. Kaiserl. Akad. Wiss.Wien , Math.Naturwiss. Classe 73 S. 139)

2. Retrocausalität (A. Einstein 1905)

3. Überheilung (W. Ostwald 1911)

4. Syntropie (L. Fantappié 1942)

5. Negentropie (E. Schrödinger 1944)

6. CPT *(Charge Party and Time reversal Symmetry , Bell 1951)*

7. Chaos und Attraktor (L. Lorenz 1963)

8. Chaos und Fraktale (B.B. Mandelbrot 1970)

9. 4.Hauptsatz der Thermodynamik (N. Georgescu-Roegen 1971)

10. Evolution und Entropiewachstum *(C.F.v. Weitzsäcker, Offene Systeme I, Klett, Stuttgart 1974)*

11. Natur und Geist (K. Trincher 1975 , Zur physikal. Eigenständigkeit des Lebens , Wien , Herder 1981)

12. Biophotonik (A. Popp 1976)

13. Mikrokosmos - Makrokosmos - , Syntropie - Entropie - Balance (A. Szent-Goorgyi 1977)

14. Vital Needs (U. Di Corpo 1981)

15. Thermodynamics of organized Complexity (Mae-Wan Ho 1994)

16. Molecular „Vitalism" (M. Kirschner et al., Cell 100 (2000), S. 79-88)

17. Lebensnetz (M. Gleich 2002)

18. Phanes Sound Theorem , 5.Hauptsatz der Thermodynamik (B.D. Huismans 2005)

Die Lebendigkeit , Selbstgestaltung , Morphogenese folgt 6 Prinzipien (N. Boeing) :

1. Nichtlinearität , a. Dimension , b. Information , c. Substanz

2. Symmetriebrechung , Quantenpunkt

3. Offenheit , Idemität

4. fern vom thermodynamischen Gleichgewicht , Identität

5. Unumkehrbarkeit , Fibonacci - Folge [4] , Dauer

6. Kohärenz , Resonanz *(= Zusammenhang , Zusammenwirken)* [42] , Immunität , Leben

1. Nichtlinearität

a. Dimension

Dimension steht für Abmessung . In der Physik steht Dimension für Raum und Zeit und für die diesen 3 Dimensionen innewohnende Wirkung oder Kraft des Beobachtens .

Für den Beobachter hat die Geometrie des Universums 3 Raumdimensionen (Höhe , Tiefe , Breite) und eine Zeitdimension .

Alle physikalischen Gesetze sind dialogische Gesetze . Es wird immer etwas gemessen und in ein Verhältnis zueinader gesetzt . Dialogische Gesetze bringen in der Regel Quadratzahlen hervor , z.B :

$F = g (mm'/r^2)$ (I. Newtons Gesetz der Schwerkraft)
$E = mc^2$ (A. Einsteins Formel für Energie)
$N12 = (a1 + a2)^2$ (W.Heisenbergs Formel für die Wahrscheinlichkeit des Auftretens eines Ereignisses im täglichen Leben)
$J = 0 \times (J/c)^2$ (5.Hauptsatz der Thermodynamik)

(E (F) = Energie (Kraft) , m = Masse , r = Radius , g = Konstante der Gravitation , c = Konstante der Lichtgeschwindigkeit , N = Wahrscheinlichkeit des Eintreffens eines Ereignsses . a = " Wahrscheinlichkeitsamplitude " des Ereignisses , J = Sein , 0 = Null) .

Quadratzahlen zeichnen Wechselwirkungen oder Erlebnisweisen aus (Weber - Fechner - Gesetz [6] bzw. Stevens Formula) .

Physikalische Gesetze mit Quadratzahlen lassen sich quantifizieren und lokalisieren . Dem Dialog entspricht die Zeit und der Raum als ein irreversibler Zeitraum . Stünde anstelle des Quadrats z.B. die dritte Hochzahl , ließe sich Wirkung , Energie (Kraft) nicht lokal ausdrücken (R. Feynman) .

Ein Kreis entspricht demgegenüber der reversiblen Zeit und dem reversiblen Raum , dem reversiblen Zeitraum . Alle physikalischen Gesetze sind reversible Gesetze , d.h. es ist ihnen keine Richtung vorgegeben . Dieser reversible Zeitraum ist ganz im Gegensatz zu der erlebten Wirklichkeit mit ihren nur vier (bis 5 ?) Dimensionen multidimensional , vieldimensional .

b. Information

Information ist das Beobachten unter Beobachtern. Information ist Strukturdynamik, Wirkung, Energie, Kraft.

Weil Kräfte wirken , weil Energie fließt und etwas bewegt wird , ist Information immer asymmetrisch , von dem Einen zu dem Anderen gerichtet , vice versa .

Informieren bedeutet in Form bringen , Komplexität , "Plectics" [39] und Mannigfaltigkeit erreichen , Gestaltung , Erzeugung von Welt .

1870 bereits galten die folgenden 3 Gesetze der Bewegung oder Kraft [38]:

1. Ohne Kraft , ohne Energiezufuhr verändert sich nichts .
2. Alle Änderungen entsprechen der einwirkenden Kraft .
3. Jede Kraft entspricht einer gleich großen Gegenkraft .

Das 4. Gesetz von der Bewegung ist das Gesetz von der Lebenskraft d.h.:

Wechselwirkungen (multiplikativeVerhältnisse) [9] haben Qualität und Dauer. Es bleibt immer etwas übrig . Wechselwirkungen sind Attraktoren . Wechselwirkungen sind die Anziehungskräfte der Lebendigkeit und der Selbstgestaltung.

Beobachter erleben Wechselwirkung sowohl objektiv distanziert als auch subjektiv betroffen, als Information und als Stress , "januskopfig" (Bild 1). *Ianus [7] zu sanskrit: jana = Mensch , lat. genus , Genom . auch Januar .*

Zu dieser Doppelgesichtigkeit von Information gehört die Erfahrung und das Wissen von dem Nichtwissen.

Das Bewußtsein von Nichtwissen , dem Nullwissen macht Angst und macht verletzlich oder aber neugierig und kann zu der Annahme führen von einer hinter den Dingen waltenden unbekannten Macht , einer schöpferischen Ordnungsmacht , der Allmacht , von Göttern , von Gott und der Vorausahnung von weiteren Dimensionen (J. Wheeler 1911 , Th. Kaluza [8] 1919 , O. Klein 1921 , H. Fröhlich 1968 , H. Everett 1957 (Viele Welten - Theorie) , J.H. Schwarz , B. Heim 1980 , M.B. Green , J.H. Schwarz 1984 , W.A. Tiller 2001) .

In diesem Sinne können die physikalischen Gesetze immer nur Beinahe - Gesetze sein . Die Ungenauigkeitsrelation bzw. Unschärferelation (W. Heisenberg 1927) lässt garnichts anderes zu . Ein Rest von Geheimnis bleibt immer übrig (R. Feynman) .

Mit der Unschärferelation hört die Physik auf , exakte Naturwissenschaft zu sein (W. Heisenberg Kommentar 1 **, 1955) .**

Kommentar 1

Aus : Werner Heisenberg , Das Naturbild der heutigen Physik , rororo , rowohlts deutsche enzyklopädie , 1955 , S. 21
" Wenn von einem Naturbild der exakten Naturwissenschaft in unserer Zeit gesprochen werden kann, so handelt es sich also eigentlich nicht mehr um ein Bild der Natur, sondern um ein Bild unserer Beziehungen zur Natur. ...
... Die Naturwissenschaft steht nicht mehr als Beschauer vor der Natur, sondern erkennt sich selbst als Teil dieses Wechselspiels zwischen Mensch und Natur. Die naturwissenschaftliche Methode des Aussonderns, Erklärens und Ordnens wird sich der Grenzen bewußt, die ihr dadurch gesetzt sind, daß der Zugriff der Methode ihren Gegenstand verändert und umgestaltet, daß sich die Methode also nicht mehr vom Gegenstand distanzieren kann. Das naturwissenschaftliche Weltbild hört damit auf, ein eigentlich naturwissenschaftliches zu sein " .

Je nach Mentalität des Beobachters zeigt sich dieses Geheimnis z.B. als die Vorstellung oder die Erfahrung Gottes oder als die Vorstellung von der Multidimensionalität des Kosmos , oder von der Neutrino - power (W. Pauli 1935) , oder dem Higgs (P. Higgs 1964) – Boson (Wechselwirkungs - Quantum ('ohne Ruhemasse')) , von dem 5. Hauptsatz der Thermodynamik , oder von einer Theorie von allem ....

Wir müssen uns selbst entscheiden, an was wir glauben wollen.

c. Substanz

Informative Prozesse sind immer Kreisprozesse . Kreisprozesse sind periodische Attraktoren (Anziehungskräfte) , mit anderen Worten Grenz - Zyklen , fortlaufende Wirbelstrukturen (Lord Kelvin) , dialogisch interpretativ selbstreferentielle Wechselwirkungen . (M. Faraday 1821 , S. Carnot 1823 , J.C. Maxwell 1861 , A. Einstein 1905 , O. Klein 1921 , E.P. Tyron [28]) , reversible Zeit und reversibler Raum , reversibler Zeitraum .

So sind z.B. die Sinneserfahrungen des täglichen Lebens Kreisprozesse . Nur was wir mit den Sinnen erfahren , sehen , fühlen , riechen , hören , schmecken und uns vorstellen können ist wirklich . Das Universum ist das Universum eines Beobachters unter Beobachtern , nie ein objektives , immer ein subjektiv perspektivisches Universum . Das Universum des Beobachters ist physikalisch gesehen ein Quanten - Universum bzw. das Universum einzelner " Aussichtspunkte " oder besser gesagt " Heisenberg - Schnitte " . Es ist immer ein Universum der selektiven Wahrnehmung . Es ist ein Universum der dynamischen Strukturen . Umwelt - physikalisch ausgedrückt - ist das Feld des Beobachters und entsteht im Zusammenhalt (in der Kohärenz) der Sinne . Ein Feld ist in der Physik eine Zahl, die vom Beobachter - Standpunkt abhängt (R. Feynman [11]) . Deutlich wird dies bei dem Vorgang des Sehens mit den Augen . Die anderen Sinnesorgane funktionieren ähnlich . Beobachten ist Wahrnehmung von Substanz , Masse , die Wahrnehmung von materialisierter Information (F. Moeller 1997 - 2006) .

2. Symmetriebrechung, Quantenpunkt

Beobachten heißt Unterscheidungen treffen , interpretieren , Grenzen setzen , einen eigenen Blickwinkel besitzen und andere Blickwinkel zulassen . Beobachten heißt Wechselwirkung geometrisieren (Eichtheorie H.Weyl , E. Noether) .

Andere Meinungen stören , sie zerren und verformen die eigenen Kreise mindestens zur Ellipse (Order from noise , H.v. Foerster) .

Eine Ellipse hat einen Zwillingspunkt . Zu den beiden Punkten der Ellipse ist die Summe der jeweiligen Abstände zu dem Ellipsenbogen konstant . Deshalb kann Licht , das von dem einem festen Punkt der Ellipse ausgeht , im zweiten gespiegelt werden . Eine Ellipse hat auf diese Weise zwei Brennpunkte B u. B´ [12] und in jeder Ellipse lauern 2 Kreise (R. Feynman).

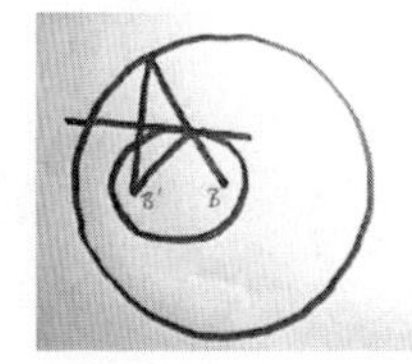
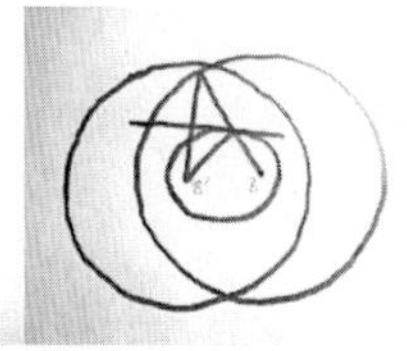

(Bild 2)

Dialogisch nur kommt es zur Symmetriebrechung und zum Quantenpunkt und zu der ordnenden Kraft der Asymmetrie [44],[45],[46],[47] mit ihrem Lawineneffekt der Selbstorganisation und Lebendigkeit und der Erfindung des Beobachtersubjekts . Dialogisch entstehen das " clinamen atomorum " nach Epikur und Lucrez , 300 v.Chr. und das 1. Keplersche Gesetz von 1609 , bei dem die Planetenbahnen Ellipsen sind und N. Tesla´s " Kräuselung des Vakuums " und die sogenannte " Vakuumenergie " .

3. Offenheit , Idemität

Der Dritte im Bunde ist die richtige Distanz (P.de Fermat, J.-L. Lagrange , W.R. Hamilton 1823), die Offenheit , der richtige Zwischenraum , die Pause , die Lücke , die Sollbruchstelle , die Null, das Nichts .

Die richtige Distanz folgt dem Minimalprinzip , d.h. über die dialogische Funktion des Beobachters sind Lücke (die 0) und Beobachter (Quantenpunkt , die 1) , Nichtsein und Sein " idemisch " (H. Rombach 1994) . *(Idemisch = gleichbedeutend , äqivalent , lat.: idem = der- oder dasselbe) .*

Im Makrokosmos , den wir erleben , gibt das Nichts dem Sein die Struktur . Ohne Null keine Eins , ohne Eins keine Null (G.W. Leibnitz) . Wenn wir Dinge voneinander unterscheiden , dann nehmen wir Zwischenräume zwischen den Dingen wahr .

Im Nanokosmos , den wir nicht begreifen können , vermischen sich Nichts und Sein , Null und 1 . Im Nanokosmos gilt das Paradox des " verborgenen Dritten " (P. de Fermat) , das Nanokosmos - Paradox , das " Nullwissen " (R. Kaplan , 2003) . Im Nanokosmos gilt " die zweite Seite der ersten beiden Hauptsätze der Thermodynamik " (W. Ostwald Kommentar 2 , **1909) ,** der 5. Hauptsatz der Thermodynamik

$\text{Sein}^2 \times \text{Nichtsein} = \text{Sein}$, $J \times J \times 0 = J$,

Sein = J , (A. Eddington) Nichtsein = " Null "

Kommentar 2

W. Ostwalds Kommentar 1909 zu S. Carnots "Betrachtungen über die bewegende Kraft des Feuers" von 1824 (aus Ostwalds Klassiker der exakten Wissenschaften Band 37, Reprint der Bände 37, 180, 99, S. 71, Verlag Harri Deutsch 2003)
" Hierbei ist zu beachten, dass der Satz vom unmöglichen Perpetuum mobile zwei verschiedene Seiten hat.
Gewöhnlich betrachtet man ihn als einen Ausdruck der Unerschaffbarkeit der Energie.
Jedoch hätte man auch ein Perpetuum mobile, wenn man beispielsweise durch Verbrauch von Wärme bei constanter Temperatur mechanische Arbeit erlangen könnte, die sich wieder in Wärme umwandelt, so dass das Gesetz von der Erhaltung der Energie stets gewahrt bliebe .
Es ist gerade diese zweite Seite jenes Satzes, welche für den Satz von Carnot , wie er gegenwärtig zu fassen ist , ... , in Frage kommt .
Es entspricht somit jedem der beiden Hauptsätze der Thermodynamik (Anm. d. Verf.: 1. und 2. Hauptsatz) eine Seite des Satzes vom unmöglichen Perpetuum mobile , und zwar ist die zweite , bisher vielfach übersehene Seite in Bezug auf die Fruchtbarkeit der Anwendungen die wichtigere " .

Für richtige Distanzen ließen sich viele Beispiele aufführen :

1. der Bohrsche Radius von Atomen *(für Wasserstoff als kleinstem Atom : 0,05 , für Franzium als grösstem Atom 0,27 Nanometer) ,*

2. das Energieniveauschema der verschiedenen Serien der atomaren Spektrallinien

3. die logarithmisch hyperbolisch skaleninvariante Häufigkeitsverteilung [5] von Ereignissen (Global Scaling® [19] ; L.L. Cislenko , 1980 , H. Müller , 1982) ,

4. das geometrische Muster der Fibonacci - Serie mit der Helix - Gestalt und

5. die 9 x 2 plus 2 – Struktur der Bewegungs- Rechen- und Transportsysteme (Nanotubes) [13], Kommentar 3

(Bild 3) 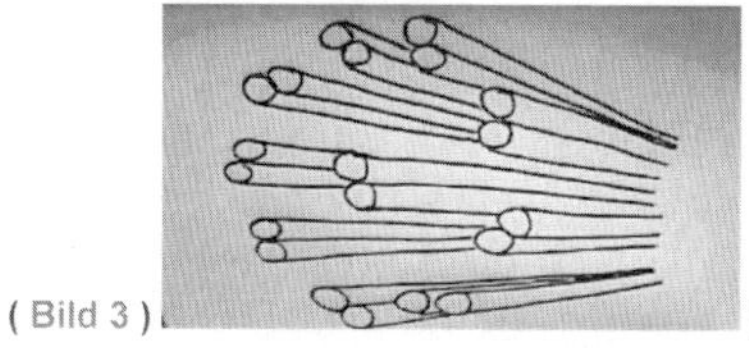 (Bild 4) 

6. die Mikrotubuli der Gewebezellen (2 x 8 x 25 Nanometer) ,

7. die Chromosomenfäden (2 Nanometer Durchmesser) ,

8. die "Händigkeit" biologischer Prozesse (z. B. das bevorzugte Vorkommen von L (linksdrehenden) Aminosäuren, linkshelikalen Chromosomenfäden und D (rechtsdrehender) Zucker in der Natur),

9. die Wellenlängen des ultravioletten , des sichtbaren und des infraroten Lichts , die Wärme .

10. Im Umgang untereinander kann man "die richtige Distanz" haben und sich "auf gleicher Wellenlänge" wiederfinden .

Kommentar 3

Die global scaling® Theorie setzt die Beobachtung einer Eigenschwingung des Vakuums voraus . Für Beobachter ergeben sich durch Interferenzen dann das Phänomen des Dialogs . Auf einer logarithmischen Geraden würden Abschnitte erhöhter Häufigkeit in gleichen Abständen wiedererscheinen und zwar unabhängig vom Bezugssystem (skaleninvariant) . (Müsste noch die " Spreu vom Weizen getrennt werden " ?)

Die Fibonacci - Serie ist eine mathematische Folge von positiven ganzen Zahlen . Für die beiden ersten Zahlen werden die Werte null und eins vorgegeben . Jede weitere Zahl ist die Summe ihrer beiden Vorgänger . Daraus ergibt sich die Folge zu 0, 1, 1, 2, 3, 5, 8, 13, 21, 34, 55, 89, 144, 233, 377, 610, 987. .. Die Nachbarschaftsverhältnisse der Doppelstränge der Mikrotubuli und der Chromosomenfäden in den Gewebezellen folgen in spiraliger Anordnung der Fibonacci Serie .

Die 9 mal 2 (oder 3) plus 2 -Struktur haben alle Mikrotubuli und deren Verwandte , das heißt , sie bestehen aus 9 Doppelsträngen , die dimerisch seriell und wie die Nummern auf einer alten Telefondrehscheibe angeordnet sind mit zumeist einem Doppelstrang in ihrer Mitte .

Dieses Muster (dimere Anordnung in Fibonacci - Folge und 9 x 2 plus 2 - Struktur bei Abständen zwischen im 2 - 25 Nanometer - Bereich) haben alle Spermienschwänze , die Flimmerhaare des Bronchialepithels und der Eileiterauskleidungen , die Zilien des Gleichgewichtsorgans und der Hörzellen , die Stäbchen und Zapfen der Sehrinde des Auges und die Dendriten der Nervenzellen , die Geißeln der Einzeller und der Protoktisten sowie die den Zentriol - Kinetosomen (Henneguy-Lenhossek-Theorie) entspringenden Mikrotubes des Zytoskeletts der zellkernhaltigen Zellen und die Bewegungsfilamente (Flagellen , Undulipodien) der frei lebenden Bakterien und die Endoflagellen der Spirochäten (Borrelien gehören in diese Gruppe von Bakterien ebenfalls) .

Diese Bewegungs- Rechen- und Transportsysteme (Nanotubes) sind eigentlich abgewandelte Saug- oder Injektionskanülen (G. Cornelis , H. Wolf-Watz 1994) , Nanospritzen , " Injektisome " vom Typ III Injektionssystem . Typ III (Saug- oder) Injektionssysteme sind für den parasitären Befall und die Symbiose von Lebewesen zuständig .

4. Fern vom thermodynamischen Gleichgewicht, Identität

Die Störung der richtigen Distanz durch " freie Energie " (W. Ostwald) führt zu Schwankungen um die richtige Distanz wie bei dem Bild einer schwankenden Waage . Die Zufuhr von " freier Energie " veranlasst ein periodisches Verhalten . Im täglichen Leben zeigt sich dies als Polarität von Ausatmen und Einatmen (Lunge) , von Diastole und Systole (Herz) , Dissimilation und Assimilation (Stoffwechsel) , Passivität und Aktivität , schlafen und wach sein , Tod und Leben und in vielen weiteren Beispielen .

Identität ist in diesem Sinn die Wiederkehr von Information . Die Wiederkehr aus einem beinahe verschwinden .

Es ist die Wiederkehr aus der beinahe vollständigen Auflösung einer gegebenen Ordnung , aus dem Durchgang durch die beinahe Null . [20] Es ist ein Durchgang durch die " Nullpunktenergie " , durch die Energie des Nichts , die entsprechend dem 3. Hauptsatz der Thermodynamik (Nernstsches Theorem) immer übrig bleibt (R. Kaplan) .

Für die Beschreibung der Wiederkehr von Information hat L. Boltzmann 1872 folgende Formel angegeben *(H - Theorem , H für Entropie und Wahrscheinlichkeit bzw. für das Maß der Sicherheit im Informationsgehalt)* [22] :

$$z = e (dS / k)$$

(z = das Maß der Irreversibilität eines Vorgangs , dS = die Zunahme der Entropie , e = die Basis der natürlichen Logarithmen (= Eulersche Zahl) , k = die absolute Gaskonstante bezogen auf wirkliche Moleküle , auch Boltzmannsche Konstante genannt mit 1,34 mal 10 hoch minus 16 erg/grad , das Entropiequantum , das Wärmequantum , die Wärmeladung , oder die kleinste gekrümmte Flächeneinheit als das Quadrat der Plancklänge (10 hoch minus 35 m) ²)

Entropie (R. Clausius 1865) = Verwandelbarkeit , " verlorene Wärme " , das Maß für die Unordnung , die Tendenz zum Gleichgewichtszustand , der Logarithmus der thermodynamischen Wahrscheinlichkeit , die Unsicherheit im Informationsgehalt .
Antientropisches Verhalten (J. Loschmidt 1876) , Freie Energie *(N. Tesla 1898 . W. Ostwald 1911 , P. Higgs 1964) , Selbstorganisation chemischer Strukturen (" Bildungstrieb " , F.F Runge 1850) , (R.E. Lisegang 1906 , B.P Belousov 1959 , A.M. Zhabotinsky 1964) . Negentropie . Ordnungssog (E. Schrödinger 1944) . Syntropie (L. Fantappié °° 30.10.1942 " The Unified Theory of the Physical and Biological World " . H.-P. Dürr) = das Maß für Ordnung und Strukturbildung , für Symmetriebrechung , für die Tendenz zur Asymmetrie . der Tendenz zum Ungleichgewichtszustand , die Sicherheit im Informationsgehalt .*

Die Formel Bolzmanns erlaubt es , die Größe der Irreversibilität zu berechnen , wenn man in sie spezielle Werte einsetzt .

Bei großen Mengen von Einzelindividuen beobachten wir immer die Tendenz zur Unordnung .

Einzelne Individuen und Einheiten zeigen Selbstorganisation , " wenn man sich einig ist " sozusagen .

Das heißt [22] : Das H-Theorem der Irreversibilität gilt im Makrophysikalischen . Es gilt nicht im nanophysikalischen Bereich , wo sich Einheitlichkeiten abzeichnen und dem H-Theorem entsprechend jedem regelmäßigen bereits ein regelwidriges Verhalten folgt . (J. Loschmidt 1876 , E. Zermelo [23] / M. Planck 1896 , R.P. Feynman 1964 , R. Penrose 1998 , S. Hameroff 2005) .

Im Makrokosmos hat die Entropie eine zunehmende Tendenz . Im Nanokosmos hat die Entropie eine beinahe abnehmende Tendenz . Aber auch dort gilt der 1. Hauptsatz der Thermodynamik , daß Energie nicht neu erschaffen werden kann . Es verläuft jedoch alles verlustfrei [22] .

An der Sollbruchstelle zwischen Makrokosmos und Nanokosmos , zwischen klassischer Physik und Quantenphysik sind wir fern vom thermodynamischen Gleichgewicht

Entropieverzögerer (N. Georgescu-Roegen 1971 , R. Penrose, 1998) oder Synergetiker [26] (R. Bukminster Fuller 1969 , H. Haken 1981) in einer durch die richtige Distanz angefeuerten Erlebniswelt .

Für den Beobachter geht die reale Welt der klassischen Physik der Vielheiten bei Distanzen unter 80 Nanometern ganz allmählich in die Welt der Einheiten der Quantenphysik , in das " alles zugleich Vermischte " über (C. Monroe , D.J. Wineland) . Bei Abständen um 1 bis mindestens 10 Nanometern (Foerster - Abstand , 1948) und spätestens unter 80 Nanometern überlagern , verschränken sich oder " tunneln " Quantenpunkte untereinander . Sie sind untereinander kohaerent , syntrop , oder nach H. Haken miteinander " versklavt " .

Selbstorganisation und Leben ist nur deshalb möglich , weil im Nanokosmos Quantenpunkte die richtigen Distanzen des Makrokosmos durchdringen [35] . Sie überlagern oder verschränken sich gegenseitig . Das klassische Bit mit seinen Werten 0 oder 1 wird zum Quantenbit , auch Qubit genannt , das sich sowohl in den zwei Zuständen 0 oder 1 als auch zusätzlich noch in den Überlagerungen dieser beiden Möglichkeiten befinden kann .

Abstände zwischen 0,05 Nanometer und 80 Nanometern sind Bose - Einstein - Distanzen (S. Bose , A. Einstein 1925 , K. Hepp , E. Lieb , 1973 , R.H. Dicke , 1954 , C.E. Wieman , A. Cornell , W. Ketterle 2001 ,) oder QED QuantumEelectroDynamic Coherence Distances (G. Preparata [27] , 1995) oder Phanes - Sound - Distanzen Kommentar 4 .

Kommentar 4

Phanes entstammt der griechischen Mythologie und heißt Leuchtende(r) , Erscheinende(r) , einem Zentralfeuer vergleichbar .
Sound heißt gesund , widerstandsfähig , lebensfähig , kräftig, solide , gut , einwandfrei oder Klang .
Ein Theorem ist ein Lehrsatz .

Abstände zwischen 0,05 Nanometer und 80 Nanometer gehören zu einer nur noch bestimmten Prinzipien und nicht mehr Gesetzen folgenden Zwischenwelt , im abendländischen Kulturkreis zu der Spiegelung einer Gegenwelt (Pythagoras , Platon , R. Penrose) , im Vorindogermanisch - Sumerischen Kulturkreis zu dem Bild eines Kraft saugenden und -verwertenden Mundes , auch dem eines Gottes . *(Nanomedizin , Qunatum Medicine [34] , S. Hameroff , S. Hameroff , J. Tuszynski , G. Liu) .*

Erst oberhalb der Distanzen von 157, 193 , 200 Nanometern beginnt die eigentliche Wirklichkeit des individuellen Erlebens und der klassischen Physik .

5. Unumkehrbarkeit, Dauer

In diesem Feuer der richtigen Distanzen ist die Lichtgeschwindigkeit c die organisatorische Schliessung (H. v. Foerster , 1970) der Strukturen (J. Güntert , 2006) .

Mit dem Faktor Lichtgeschwindigkeit c und mit der Fixierung auf einen bestimmten Schraubensinn in der Fibonacci - Folge *(Nach T.D. Lee , C.N. Yang und C.S. Wu werde dieser Schraubensinn den Elektronen von Neutrinos übertragen , entspr. dem clinamen atomorum)* **[45]) erscheinen Zeit (= tempus , Temperatur) und Zahl und die Helix als diejenige geometrische Gestalt , die bei einer Aneinanderkettung von Molekülen gleichen Schraubensinns entsteht , die Bewegung als die Frage nach dem Sinn (sinnen = gehen , wandern , reisen ; sind = der Weg) , das Subjekt , die Perspektive , das Ich (sanskr. = eka = eins , Eines , Ganzes , Geeintes) und das " ich will " , die Dynamik , Dynaxity® (dynamics-complexity) , Dynaxibility® (H. Rieckmann 1996 , 2004) , das Selbst und das (Unter-) Bewußtsein sowie das Bewußtsein vom Bewußtsein , das Selbstbewußtsein , c^2 ,** der 5.Hauptsatz der Thermodynamik

$$(\text{Sein} / c)^2 \times \text{Nichtsein} = \text{Sein} , \quad J / c \times J / c \times 0 = J ,$$

$$J = 0 \times (J / c)^2$$

J = Sein (A. Eddington) , 0 = Null = Nichtsein = Standardeinheit für die Quantenverschränkung = " Vakuum " etc. (N. Tesla´s " ambient medium ") , c = Lichtgeschwindigkeit .

Der Drehimpuls , die dialogische Helixbildung in der Fibonacci - Folge mit ihren speziellen Zahlenverhältnissen und Gesetzen und das unsichtbare Licht *(1 - 380 Nanometer = Wellelnlängen des ultravioletten Lichts)* **, das sichtbare Licht (alle Farben des Regenbogens) und Wärme** *(Infrarot)* **sind die Ursache für Information und Struktur der Erlebniswelt des Menschen. Struktur ist gebremste Zeit (F. Cramer 1998), kondensierter Zeitraum .**

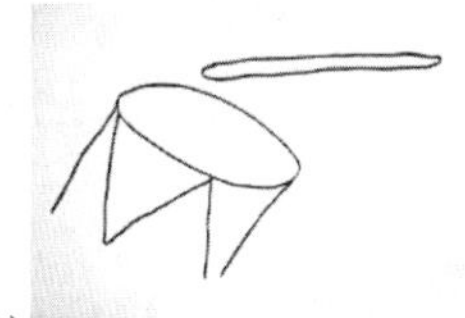

(Bild 5)

Und Lichtenergie (W.J.M Rankine , Lord Kelvin - Sir W.Thomson [31] , W. Ostwald) ist der Trommelstock für Sein und Dauer .

Das Wort Leben hat in der Tat seine Bedeutung zwischen den Worten " bleiben " *(gotisch bi-leiban ; Leib = das Bleibende)* **und " laufen "** *(gothisch leikan = tanzen , springen , auch Leiche)* **, anders gesagt zwischen " Sein " und " Werden " (I. Prigogine [33]) .**

6. Immunität

Leben ist ein Beobachterphänomen an der Sollbruchstelle [29] zwischen Makrokosmos und Nanokosmos . Leben geschieht unter Stress an Oberflächen in Dimensionensprüngen . Leben ist das richtunggewiesene , helikal dialogische Zusammenwirken *(altägypt.: Re = Aton = Atum = Atom ? ; Ra = Ka = (Licht-) Energie)* **von einer irreversiblen mit einer reversiblen Wirklichkeit . Das gelebte Leben ist eine höchst reale Beobachter - Illusion .**

Sie sollten - wie gesagt - selbst entscheiden, woran Sie glauben wollen .

Wer Wissenschaft und Kunst besitzt ,
der hat auch Religion ,
wer beides aber nicht besitzt ,
der habe Religion. (J. W. v. Goethe)

Literatur

1 http://www.pctheory.uni-ulm.de/didactics/thermodynamik/INHALT/HAUPTS.HTM

2 http://www.edge.org/3rd_culture/bios/overbye.html

3 http://dispatch.opac.d-nb.de/DB=4.1/LNG=DU/LRSET=1/SET=1/SID=2eeba91d-1b/TTL=1/REL?PPN=12121785X

4 http://de.wikipedia.org/wiki/Fibonacci-Folge

5 http://www.info.global-scaling-verein.de/Documents/Waser_LogNormalverteilungInNatur.pdf

6 http://www.neuro.uu.se/fysiologi/gu/nbb/lectures/WebFech.html

7 http://www.lateinservice.de/referate/inhalt/janusref.htm

8 http://library.thinkquest.org/04apr/01330/newphysics/ndimensions_de.htm

9 http://www.biophotonen-online.de/news/hyugens.pdf

10 http://xxx.lanl.gov/ftp/physics/papers/0001/0001063.pdf

11 R.P. Feynman, QED Die seltsame Theorie des Lichts und der Materie, Piper, München, 1992

12 D.L.u.J.R. Goldstein, Feynmans verschollene Vorlesung, Piper, München, Zürich, 1996

13 http://www.uni-mainz.de/FB/Medizin/Anatomie/workshop/EM/EMMikrotub.html

14 http://www.quantumconsciousness.org/publications.html

15 http://sundoc.bibliothek.uni-halle.de/diss-online/05/05H069/t2.pdf

16 http://www.biozentrum.unibas.ch/cornelis/index.html

17 http://www.uku.fi/~kajander/comparison.html

18 V.I. Vernadsky, The Biosphere, Copernicus Springer-Verlag, New York,1997

19 http://www.info.global-scaling-verein.de/Documents/TheorieGlobalScaling01.PDF

20 M. Ruderfer, "Are Solar Neutrinos Detected by Living Things ? " Phys. Lett. 54A (6 October 1975)363-364

21 H.Rombach, Der Ursprung, Philosophie d.Konkreativität v.Mensch u.Natur, Rombach,Freiburg, 1994

22 O. Muck, Die Biologie des Stoffes, Johann Ambrosius Barth, Leipzig, 1947

23 M. Planck, Wissenschaftliche Selbstbiographie, Johann Ambrosius Barth, Leipzig, 1948

24 L. Boltzmann, Ostwalds Klassiker, Band 286, Verlag Harri Deutsch, 2000

25 W. Heisenberg, Das Naturbild d.heutigen Physik, Rowohlts deutsche Enzyklopädie, Hamburg, 1955

26 R.Buckminster Fuller, Bedienungsanleitung für d.Raumschiff Erde, Verlag der Kunst Dresden, 1998

27 G. Preparata, QED Coherence in Matter, World Scientific, Singapore, N.Yersey, London, 1995

28 E.P. Tyron: Is the Universe a Vacuum Fluctuation ? , Nature , 4.12.1973 , S. 396

29 http://cmmg.biosci.wayne.edu/asg/polly.html

30 L. Margulis, D. Sagan, Microcosmos, University of Californis Press, Berkeley, Los Angeles, 1997

31 http://leifi.physik.uni-muenchen.de/web_ph09/geschichte/02kelvin/kelvin.htm

32 http://www.mathekiste.de/fibonacci/inhalt.htm

33 I. Prigogine, I. Stengers, Dialog mit der Natur, Piper, München, Zürich, 1980

34 http://www.sitko-therapy.com/Sitko-engl.pdf

35 Walker E.H. The Nature of Consciousness // Mathematical Biosciences. 1970, vol. 7, p. 131-178

36 E. Schrödinger, Was ist Leben?, Piper, München, Zürich, 1989

37 http://www.wwwarchiv.de/wwwarchiv/anfang/texte/stealth_p_005.ppt

38 J.C. Maxwell, Matter and Motion,Prometheus Books, Amherst, New York,2002

39 M. Gell-Mann, Complexity, J. Wiley and Sons, Vol 1, no 1, 1995

40 S. Sonea, M. Panisset, A New Bacteriology, Jones and Bartlett Publishers, Inc, Boston, Mass., PortolaValley, 1983

41 M. Eigen, Molecular self-organization of Matter and the Evolution of Biological Macromolecules, Die Naturwissenschaften, 58, 1971, Heft 10,465-523

42 http://www.amazon.de/exec/obidos/ASIN/3458338888/028-2588569-1834112

43 Ostwalds Klassiker der exakten Wissenschaften, Band 37, S.71, http://www.harri-deutsch.de/

44 C. Pöppe, Die ordnende Kraft der Asymmetrie, Spektrum der Wissenschaft 11, 1994, p. 38

45 F. Vester, Asymmetrie, Bild der Wissenschaft, 12, 1974, p. 68-80

46 H.P. Noyes, W.A. Bonner, J.A. Tomlin, On the origin of biological chirality via natural beta-decay,Springer Netherlands,ISSN 0169-6149(Print)1573-0875(Online)

47 A.S.Garay, J.A. Ahlgren-Beckendorf, Molecular handedness and chiral strength determined by matter-wave circular dichroism, Phys. Rev. A, 1993, 48, 3008 - 3011

48 A. Vannini, Syntropy, n.3.2006 www.sintropia.it, ISSN 1825-7968